柴犬のトリセツ

絵と文　影山直美

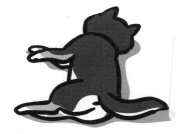

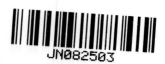

はじめにお読みください

この本は、柴犬と仲よく暮らしていくためのヒントを取扱説明書としてまとめたものです。一筋縄ではいかない柴犬。でもちゃんと理解して接してあげれば、何にもかえがたい素晴らしい関係を築けるはずです。

ただしここで取り上げたのは、柴犬の取扱説明のほんの一例。この本を読んだ皆さんのエッセンスを足すことによって、犬の数だけトリセツが完成するでしょう。

私はこれまで4匹の柴犬と暮らしてきましたが、それぞれみんな個性がちがいます。そのおかげで、ここにご紹介できるエピソードもバリエーション豊かなものになりました。皆さんが「そうそう、うちも!」とか「へーそんなこともあるのか」と楽しみながら「うちの柴犬のトリセツ」を完成させてくだされば幸いです。

影山直美

蚊の羽音が
大きらい。
カナブンも苦手。

テツ♂

2代目柴犬。2005年生まれ。
ザ・ツンデレ。若いころは
かなり暴れ者だったが、晩
年は落ち着いた。

ゴン♂

初代柴犬。1997年生まれ。
おおらかで人なつこいが、
犬同士のおつき合いには厳
しかった。

外犬時代に
カナブンの味を
覚えた。

影山家歴代の柴犬たち

初めての物は
オヤツであっても
警戒する。
カナブンなんて
とんでもない！

ガク♂

4代目柴犬。2018年生まれ。
元保護犬。影山家には生後
10カ月のときにやってきた。
基本的に明るい性格だが、
外では怖いものだらけ。

こま♀

3代目柴犬。2015年生まれ。
夢だらけの犬生を謳歌して
いる。明るい性格で、細か
いことは気にしない。

散歩中にヤモリを
くわえたことがある。
カナブン捕食経験あり。

もくじ

柴犬の取り扱い方

❶ 柴犬の初期動作

❷ 柴犬のかわいがり方

❸ 柴犬の正しいお手入れ

❹ 柴犬にとってのトイレ

❺ 苦手なものがあったときは

トラブルシューティング

❶ よくあるイタズラの対処法

❷ 困ったトラブル集

知っておいて いただきたいこと

❶ 柴犬と暮らすと起こる現象

❷ 異常ではありません

柴飼いとして知っておきたい

柴犬からのFAQ

柴犬のつくり

全体図（前）

耳

立ち耳が基本形。

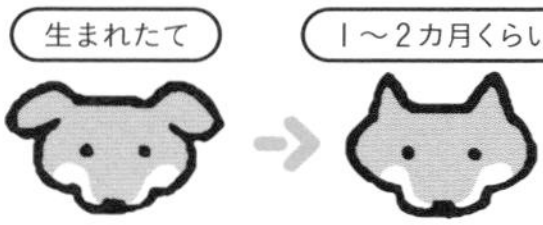

うれしいときの **ヒコーキ耳**
→ P.16へ

目

アーモンド型。

鼻

黒くてツヤツヤ。

顔

キツネ顔と
タヌキ顔に大別される。

足先

敏感なところ。
「お手」をいやがる犬もいる。

足の指 が開くとき → P.18へ

眉

どんなにイケてる犬でも
眉毛が出現する時期がある。

M字眉 → P.132へ

しっぽ

巻き方にも個性が表れる。

→ P.12へ

しっぽのお皿 がある犬もいる。

→ P.14へ

毛色

赤・黒・白・
胡麻《ごま》に
分かれる。

腹

腹側の毛は白い。
「裏《うら》白《じろ》」と呼ばれる。

全体図（後）

頭

丸い。

黒柴は丸さが際立つ。

耳先

ごく短い毛が
密集している。
換毛期に引っ張ると
ホソッと抜ける。

耳をくわえるという 愛で方
→ P.68へ

ほっぺた の

ふっくらしたところは
意外と毛。

首まわり

年を重ねると
白い襟巻きができる。

毛 は

中のほうまで
ビッシリと密になっている。
年に数回、生え換わりの
時期がある。

換毛期 → P.20へ

背中の毛は
みの毛 といって
雨をはじく。

体の匂い

犬のなかでは比較的弱いほう。
しかし飼い主は愛犬の頭の匂いを
嗅ぎ分けるという能力が備わる。

お尻の穴

お尻の穴は
丸見え。
散歩中の逆風に
やや弱い。

つき合い方 → P.116へ

お尻

オスもメスも
むっちりしていて
毛が厚い。

ここが
かかとです！

おっぱい

オスにももちろん
おっぱいはある。
ブラッシングは
そーっとね！

しっぽの個性を知ろう

巻き方によって2つに分かれる。

巻き尾族

差し尾族

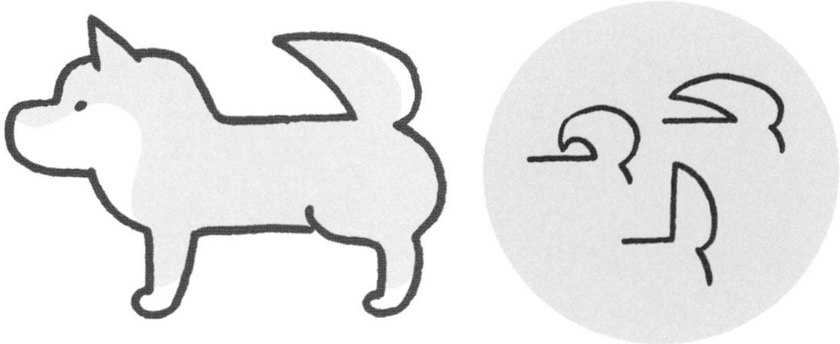

「柴犬なのにしっぽ巻いてないね」などという人は
素人なので温かく見守ってあげよう。

参考 1

年を重ねるにつれて巻き方は緩くなる

ゴンの場合

1歳　11歳　16歳

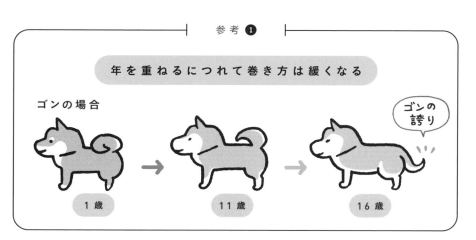

参考 2

ときに暇つぶしの相手にされるしっぽである

自分でちょろっと振っておいて、
別の生き物であるかのように追い回す。

何周も回る。

世界で一番お金のかからない
遊びのひとつである。

しっぽのお皿を探してみよう

しっぽの渦巻きがとても強い犬

渦巻きがやや強く、毛質が柔らかい犬

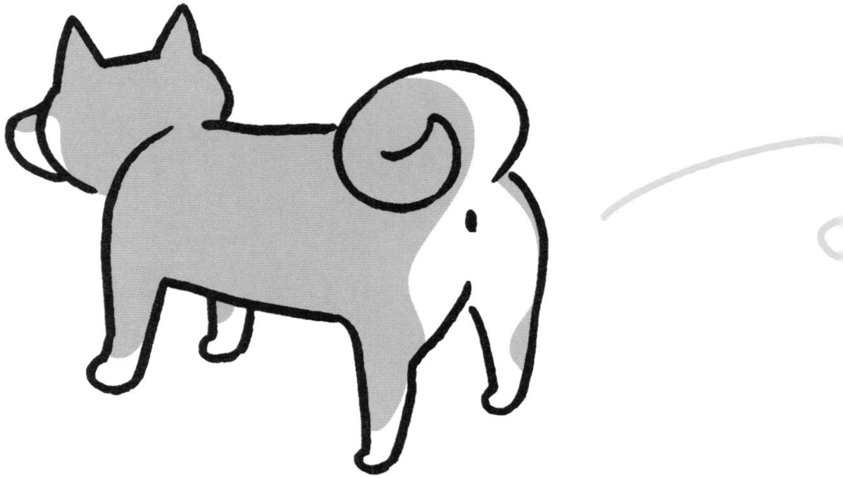

「しっぽのお皿」とは巻き方が強い犬の背中に現れるもので、
しっぽの圧によりお皿のようにへこんだ部分。
いっしょに暮らしていないとなかなか見られない絶景のひとつ。

しっぽを解いても
お皿がクッキリしている。

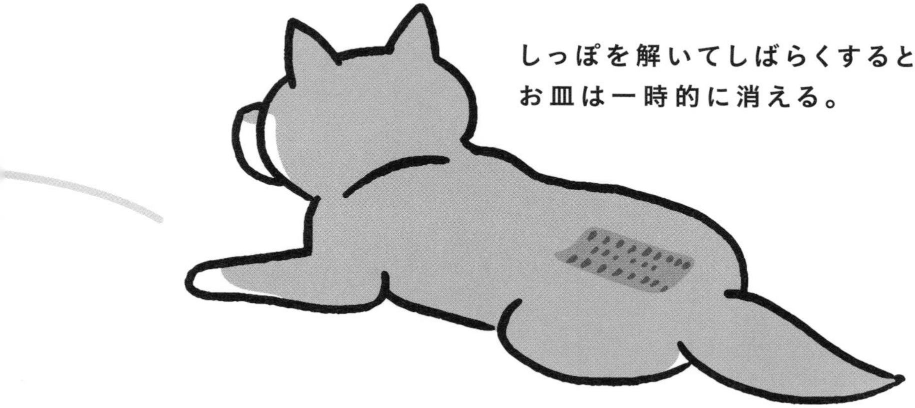

しっぽを解いてしばらくすると、
お皿は一時的に消える。

ヒコーキ耳を知ろう

「ヒコーキ耳」とは、とてもうれしいときの柴犬が耳を倒すようすのこと。ヒコーキ耳になる犬とならない犬がいる。

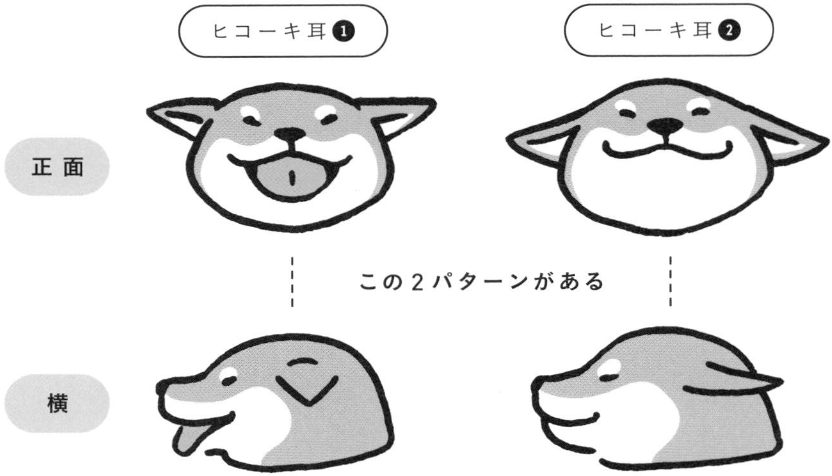
ヒコーキ耳❶
ヒコーキ耳❷
正面
この2パターンがある
横

参考❶

同じ「うれしい」でも
ゴハンのときは耳は前を向く。

参考❷

早く
早く

なでられやすいように
ヒコーキ耳になる例もある。

参考 ❸

最大の喜びの表現

1 目を細める
2 ヒコーキ耳
ハッ
ピィ
7 しっぽ
ブンブン
3 ピィとかハッという
6 腰は落としぎみ
4 ウレションする犬もいる
5 ウロチョロする

参考 ❹

ほら、
ピョンピョンすると
危いから…サ

ふだんクールな愛犬が
お客さんにだけ
ヒコーキ耳になって
いるのを見た飼い主の
やるせなさったら……。

足の指が開くときを観察しよう

❶吠えるとき

❷遊ぼ！のポーズ

耳をすませば
足の指の間からも
声が聞こえるだろう。

❸走って着地するとき

換毛期の過ごし方を知ろう

季節の移り変わりと柴犬の毛

冬	春

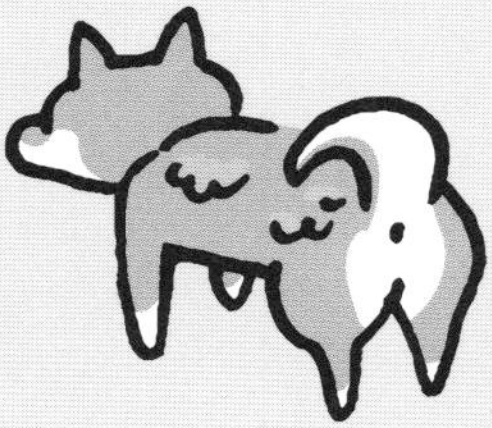

冬毛むっちり
パンパン。

抜けたところと
これからのところが
混在している。
ややゲッソリして
見える。

影山家では
3年に一度くらい
掃除機を買い換える。

換毛期の
飼い主の
服装

赤柴の場合

白っぽい色。
表面がサラッとした
生地が◎。

なぜか
また抜ける
夏
秋
そしてまた 冬
ヒュウ
大丈夫？
寒そう…
ホッ

スッキリ整う。

上質の冬毛が
生えて、
寒さに立ち向かう。

黒柴の場合

グレー系。
（黒柴の抜け毛は
グレー）

かき分けると
中のほうの毛は
白っぽい。

ちょっとひといき

柴劇場

柴犬の魅力と言えばモフモフの毛。
でもこれがクセモノで
いっしょに暮らして初めて気づく
キケンなワナもあるのです。
モフモフにご用心!

ほっぺたの正体

ハーネスのせい？

太ってません

頑固なところがいいところ

頑固レベル

気に入ったおもちゃを
放さない。

頑固レベル

放さないあまり
釣り上げ
られてしまう。

頑固レベル

空っぽの器を守る。
食べ物よりも器が大切。

物を守る → P.108へ

② 柴犬の基本仕様

良くも悪くも慎重派

初めての人や物、いつもとちがうことを警戒する。

警戒レベル

シッポ振ってる!
お客さん

歓迎ムードを出してるのに、
相手がなでようとすると逃げる。

!?

警戒レベル

よその人から食べ物をもらわない。
しかし、たまにうっかり
もらってしまうこともある。

飼い主の友達

このまま食うか、
吐き出すか、
犬生最大の葛藤。

警戒レベル

バスを待つ人を警戒する。
なぜなら昨日は
そこにいなかったから。

いつものやつ…OK
いつもは
いないやつ…NG

フレンドリーな柴犬が増えている

用心深くてよその人や犬には懐かない柴犬が多いなか、
気のいいヤツが増えてきている。

かつての影山家の散歩風景

**まわりも硬派な柴犬が多く、
道の端と端に分かれて挨拶。**

現在の影山家の散歩風景

道の端と端から駆けよって挨拶。
とくにこまは相手がオスでもメスでも
み〜んなお友達！

嫌なことがあったら絶対に忘れない

記憶力がよすぎるうえに根にもつタイプがいる。

トラウマとなるケース❶

ドライブからの……

注射！

車に乗らない。

トラウマとなるケース❷

飼い主のベッドで
気持ちよく寝ていたら……

抱っこで下ろされた。

抱っこしようとすると
怒って逃げる。

孤独を楽しむ

黙ってひとりになりたいときがある。

例1 家族の夕食が始まると、暗い部屋へ逃げる。

例2 風呂場で寝る。夏に多い。

シャンプーは
嫌いでもなぜか
風呂場は好き。

例 3　室内犬だが、雨のなか
わざわざ庭へ行きたがり、犬小屋で過ごす。

例 4　ドッグランにて、あえて隅っこをウロつく。

相手のことを好きでも距離をとる（柴距離）

柴犬独特の、相手との距離のとり方がある。
おたがいに相手の領域を尊重して、
無駄な争いを避ける賢い社交術である。

ほかのことを考えているように見えるが
十分に相手を尊重している例

距離をとりつつ台所観察という楽しみを共有している例

距離をとりつつ飼い主に親愛の情を示している例

計算しつくされた柴距離

柴距離をとらないタイプの犬を知ろう

柴犬のなかには熱いスキンシップを好む者もいる。

やたら同居犬をなめるため。

柴距離をとらない犬の症状

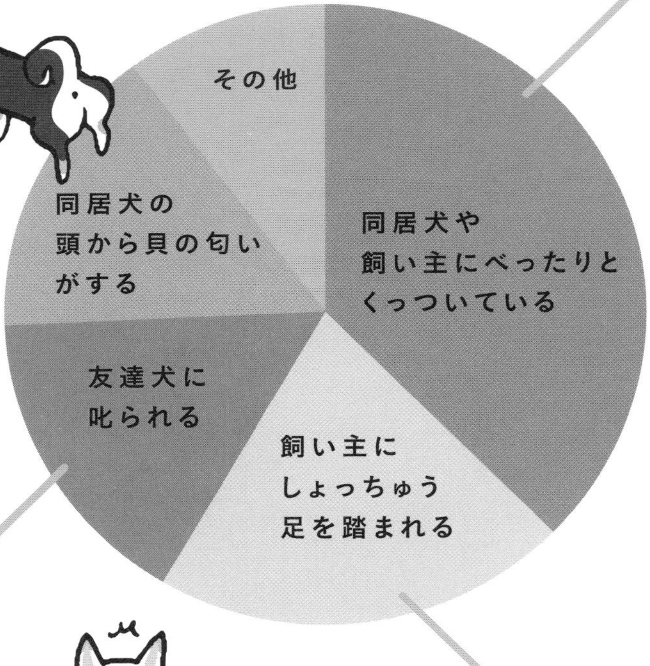
その他
同居犬の頭から貝の匂いがする
同居犬や飼い主にべったりとくっついている
友達犬に叱られる
飼い主にしょっちゅう足を踏まれる

相手の匂いを嗅ぐときに鼻をくっつけるのでいやがられることがある。

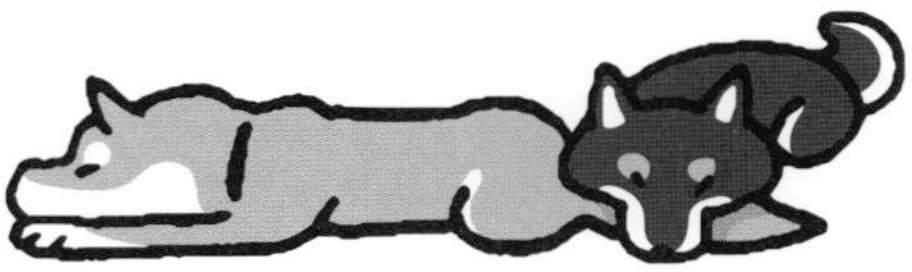

同居犬のしっぽを
枕にする。

昼寝中の飼い主を
枕にする。

距離が近いので
ぶつかったり足を
踏まれたりするが犬自身は
まったく気にしていない。

家族によりそう

ツンデレな彼らは、知らんぷりしながらも家族のことをよく観察している。家族や同居犬が弱っているときは、かたわらによりそう。

参考 1

職人としてよりそう

ふだんはいっしょのベッドで寝ない犬も、飼い主が病気のときは添い寝する。

二日酔いの飼い主に歩調を合わせる。

参考 ❷

友達として喝を入れる

熱があったり痛みをかかえている
者と“ただ疲れているだけ”の者の
ちがいを彼らはわかっている。

参考 ❸

看護師としてよりそう

彼らは、
つらそうな相棒を
放っておけない。

初代犬ゴンの闘病中は、
2代目テツが病床に
よりそっていた。

ちょっとひといき
柴劇場

人でも犬でも、根にもたない
性格ってつき合いやすいものだけど、
弊害もあったりして。
そしてそこがまた
おもしろかったりして。

気のいいヤツ

1週間

根にもたないどころか
忘れている犬もいる
ハナちゃん
久しぶり
ガクは
初めての犬が
こわい
ガクちゃーん
ドキッ
エ…ッ
!?
ブル
ブル
1週間
会わなかった
お友達は
初対面扱いになるのだった

水に流す

根にもたない
タイプの犬は
すぐ水に
流して
くれる
ハッ、
また
大丈夫！
気にして
ないから
そーじゃ
なくてサ
オスワリ
そして…
ポケッ
昨日
おぼえた「オスワリ」は
水に流されている

③ 柴犬の特殊機能

まずは聴力を知ろう

優れた聴力をもつ犬だが、
聞こえる音すべてを
受け止めているわけではない。
犬は聞こえないふりができる。

家族が帰って来た音

→ P.45へ

宅配の車か
近所の家の車か

柴犬たちが聞き分けている音の例

隣の部屋での
オナラ

家から一番近い角を
曲がって帰って来た
ときの飼い主の車

縁の下の虫の音

冷蔵庫からオヤツを出すときの音

→ P.50へ

強風でゆれる窓

隣町の花火

工事現場

遠くのカミナリ

知っている犬が家の前を歩く足音

救急車などのサイレン

近所の犬の声

遠くの高波

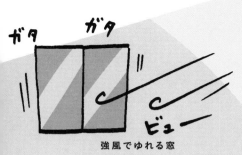

3 柴犬の特殊機能

都合が悪いときの耳の機能

聞こえないふり → 気配を消す

ストレスを回避する技のひとつ。
すぐそばにいるのに、
仙人のようになって
飼い主の言葉に反応しない。

シャンプー
お風呂
絶食
無
動物病院
またイタズラ
したんだよ(チクリ)

めんどくさいときの耳の機能

聞こえないふり → たぬき寝入り

家族を出迎えるのがめんどくさいとき、
「眠っていたから聞こえなかった」
ことにする。

年を重ねるごとに、
こういった損得勘定が
できるようになる。

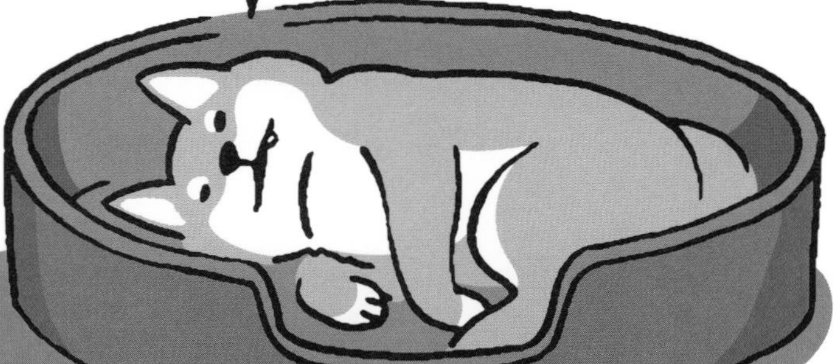

優れた嗅覚を知ろう

犬は自分が感じた匂いに正直に反応する。
決して“嗅がなかったこと”にはできない。

柴犬たちが嗅ぎ分けている匂いの例
飼い主が着ている服がよそゆきか、ふだん着か
お客さんの靴（人にはわからない程度の匂い）
音のないオナラ
調理中の肉や魚が味つけなしかどうか（自分用かどうか）
飼い主が買ってきたもののなかに揚げ物があるかどうか
お父さんの枕か、お母さんのか
→ P.48へ
タバコ
→ P.49へ
スプレー

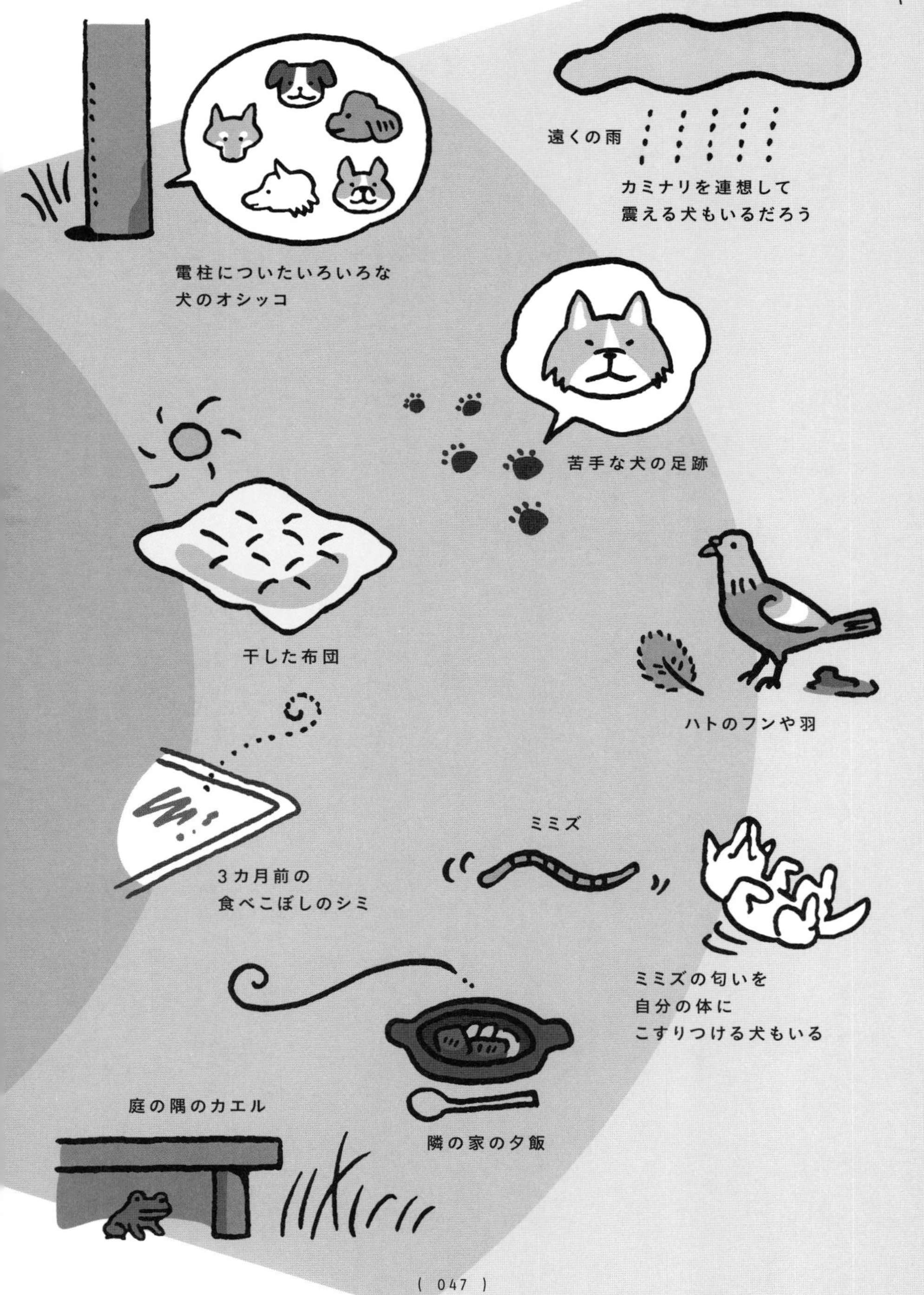
電柱についたいろいろな
犬のオシッコ
遠くの雨
カミナリを連想して
震える犬もいるだろう
苦手な犬の足跡
干した布団
ハトのフンや羽
3カ月前の
食べこぼしのシミ
ミミズ
ミミズの匂いを
自分の体に
こすりつける犬もいる
隣の家の夕飯
庭の隅のカエル

警察犬になれる かもしれない素質

❶ 強い匂いを好む

同じ枕が２つあった場合、
犬がなめているほうがお父さんのもの。

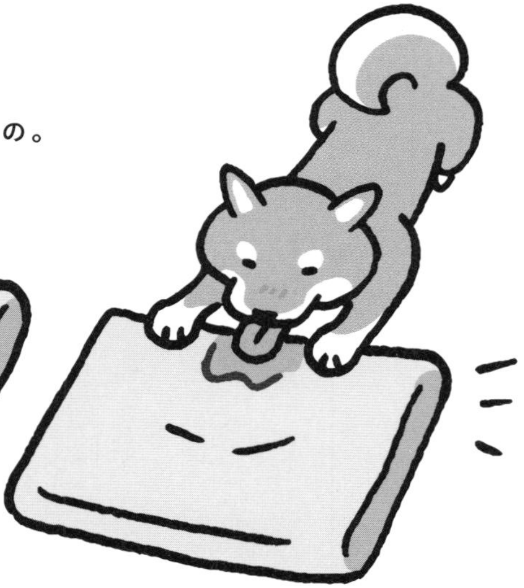

洗濯物のなかから
お父さんの靴下だけを発掘できる。

❷ 強い匂いを避ける

前述したように、犬は感じた匂いを“なかったこと”にはできない。
禁煙中のお父さんが隠れてタバコを吸っていればすぐ反応する。

③ 柴犬の特殊機能

オヤツが入っている場所をすぐ覚える

犬が覚えているオヤツのありか

考えられる弊害

野菜室を開けた
だけでかけつけ、
そしてあきらめない。

よその人が
ポケットに手を入れた
だけでオスワリをする。

人が発するオーラをとらえる

とくに室内飼いの犬は飼い主のオーラに敏感である。

参考 1

TVドラマに入りこんでいる
飼い主のオーラを感じて凝視する

参考 2

仕事に集中する飼い主のオーラを感じて避難する

参考❸

敏感すぎて、飼い主は先を読まれることがある

こうした経験から、
飼い主は自分の
オーラを消すすべを
身につけるようになる。

たまに意外なところから
オヤツを出してみると
おもしろい。

柴犬の取り扱い方

1. 柴犬の初期動作
2. 柴犬のかわいがり方
3. 柴犬の正しいお手入れ
4. 柴犬にとってのトイレ
5. 苦手なものがあったときは

柴犬を家族に迎えたときに起こること

1 子犬の場合、「食べる→出す」が待ったナシで始まる。

あーっ
もらし
ちゃった!

2 家族の笑顔が3割増になり、会話の8割は犬のことになる。

日曜日ね!
ホームセンターへ行くか!
ハナのリードを買いに行こうよ!
ハナは何色がいい?

参考

保護犬の場合、
かれらのこれまでの犬生と
家族の歩みよりに
時間をかけたい。

!?
ササッ

ぼく、
散歩ではずっと
左側だったの
そうなんだ！
いいよ、
そうしよう

ささいなことも
話し合おう。

柴犬の1日の流れ【子犬編】

子犬
お母さんと散歩
お母さんの昼ごはんを見ている
6
7
8
9
10
11
12
13
14
ゴハン
すぐウンチ
睡眠
オヤツ
すぐオシッコ
バッタン
バッタン
家族が起きる
前からひとりで
何かやっている
オシッコがしてある
オスワリの練習がてら
遊んでもらう

お兄ちゃん帰宅
ウレション
お父さん帰宅
ウレション
15
16
17
18
19
20
21
22
23 時
睡眠
ゴハン
すぐウンチ
突然バッタリと睡眠
お母さん、お兄ちゃんと散歩
ウンチが出る
遊んでもらう

柴犬の1日の流れ【成犬編】

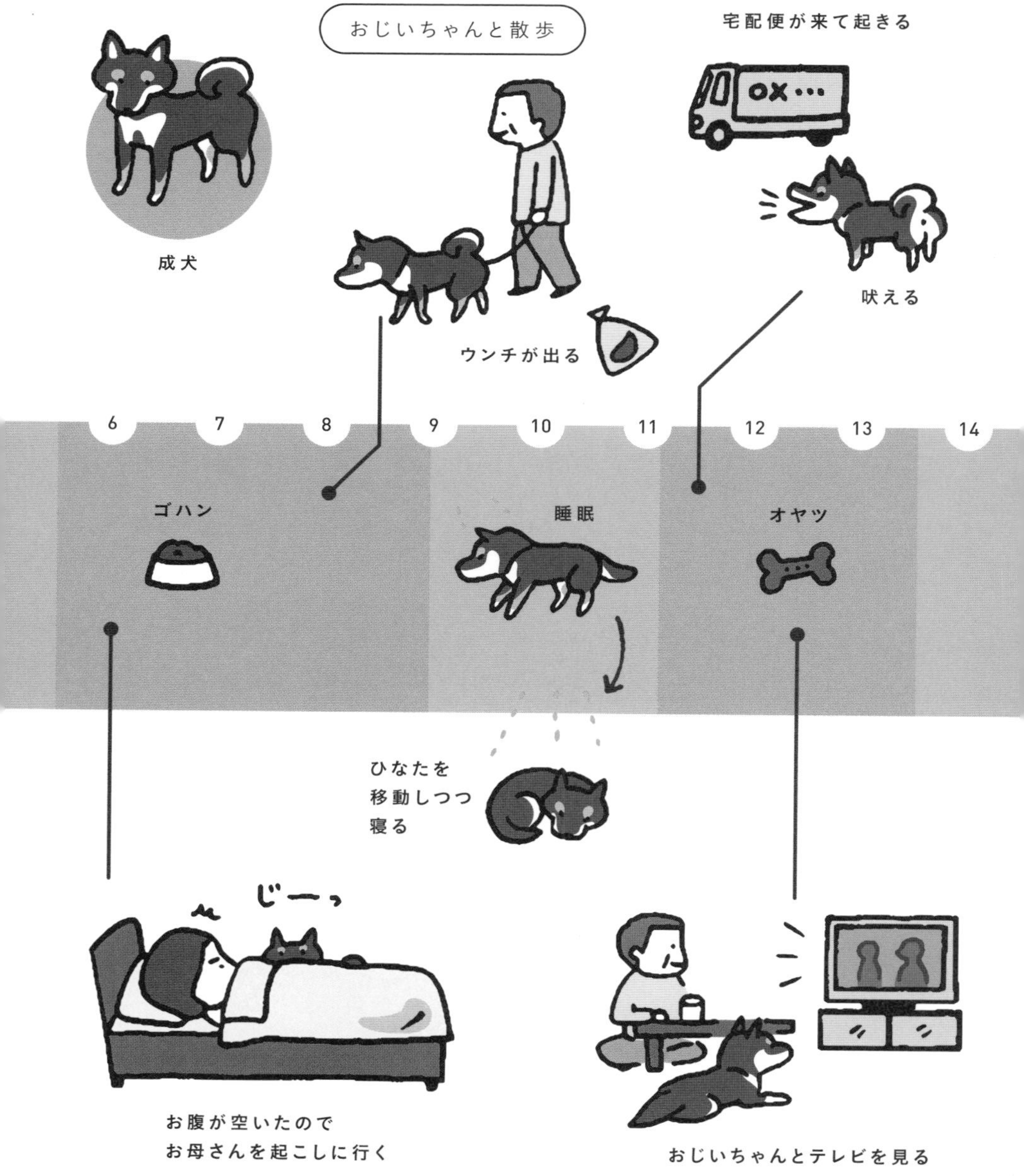
成犬
おじいちゃんと散歩
ウンチが出る
宅配便が来て起きる
OX・・・
吠える
6
7
8
9
10
11
12
13
14
ゴハン
睡眠
オヤツ
ひなたを
移動しつつ
寝る
じーっ
お腹が空いたので
お母さんを起こしに行く
おじいちゃんとテレビを見る

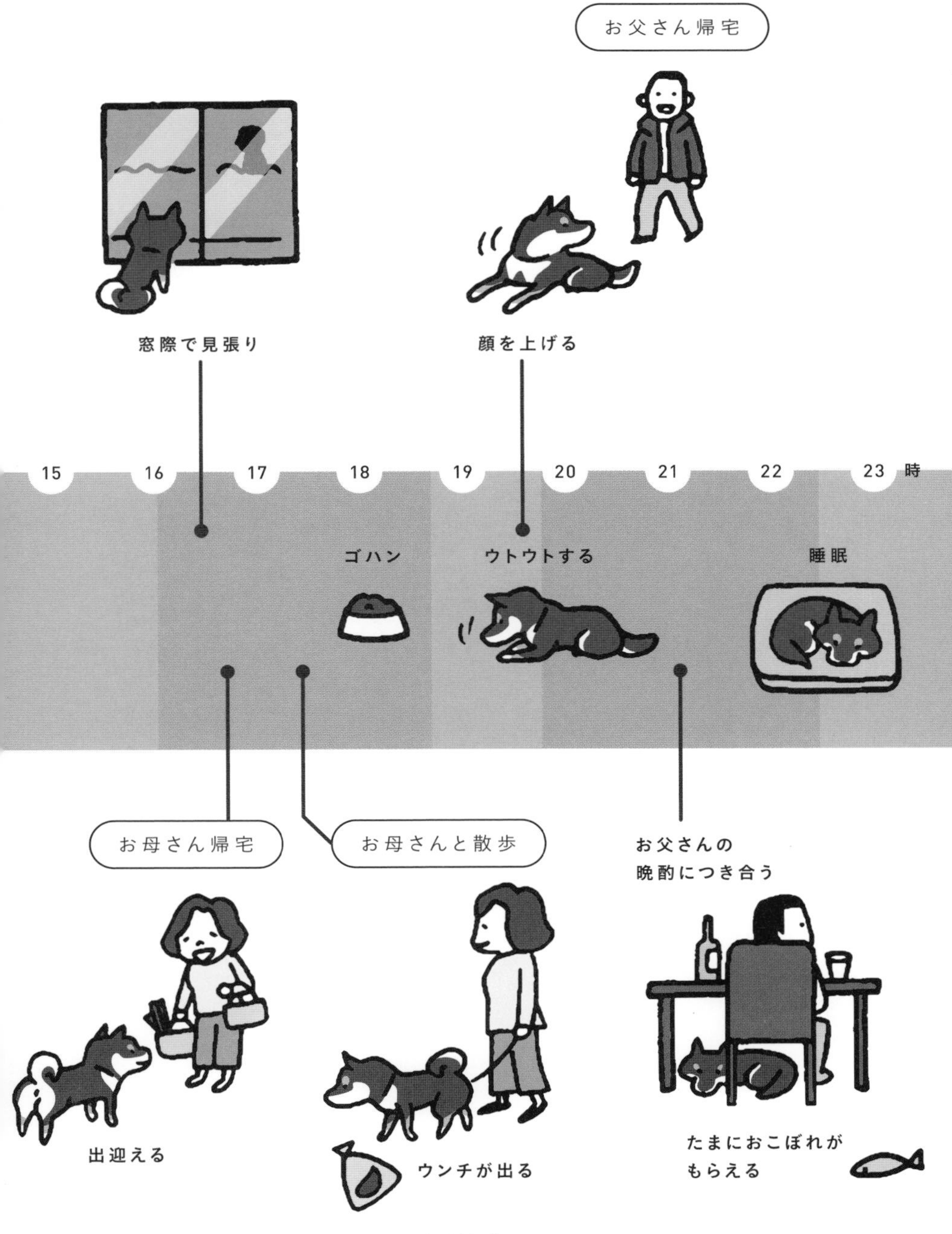
お父さん帰宅
窓際で見張り
顔を上げる
15 16 17 18 19 20 21 22 23 時
ゴハン
ウトウトする
睡眠
お母さん帰宅
お母さんと散歩
お父さんの
晩酌につき合う
出迎える
ウンチが出る
たまにおこぼれが
もらえる

柴犬の1日の流れ【老犬編】

老犬
お父さんもお母さんも
休みなのでいっしょに散歩
ウンチが出る
6
7
8
9
10
11
12
13
14
ゴハン
庭でオシッコ
睡眠
オヤツ
家族の音で目を覚ます
庭でオシッコ
庭にネコが
来たかどうか
チェック

お父さんと散歩
ウンチが出る
庭でオシッコ
15 16 17 18 19 20 21 22 23 時
ゴハン
睡眠
だいぶ前から
ゴハンを待っている
お父さんと昼寝
夕飯につき合っているはずが
いつのまにか眠っている

1 柴犬の初期動作

こんな1日は柴犬にダメージを与える

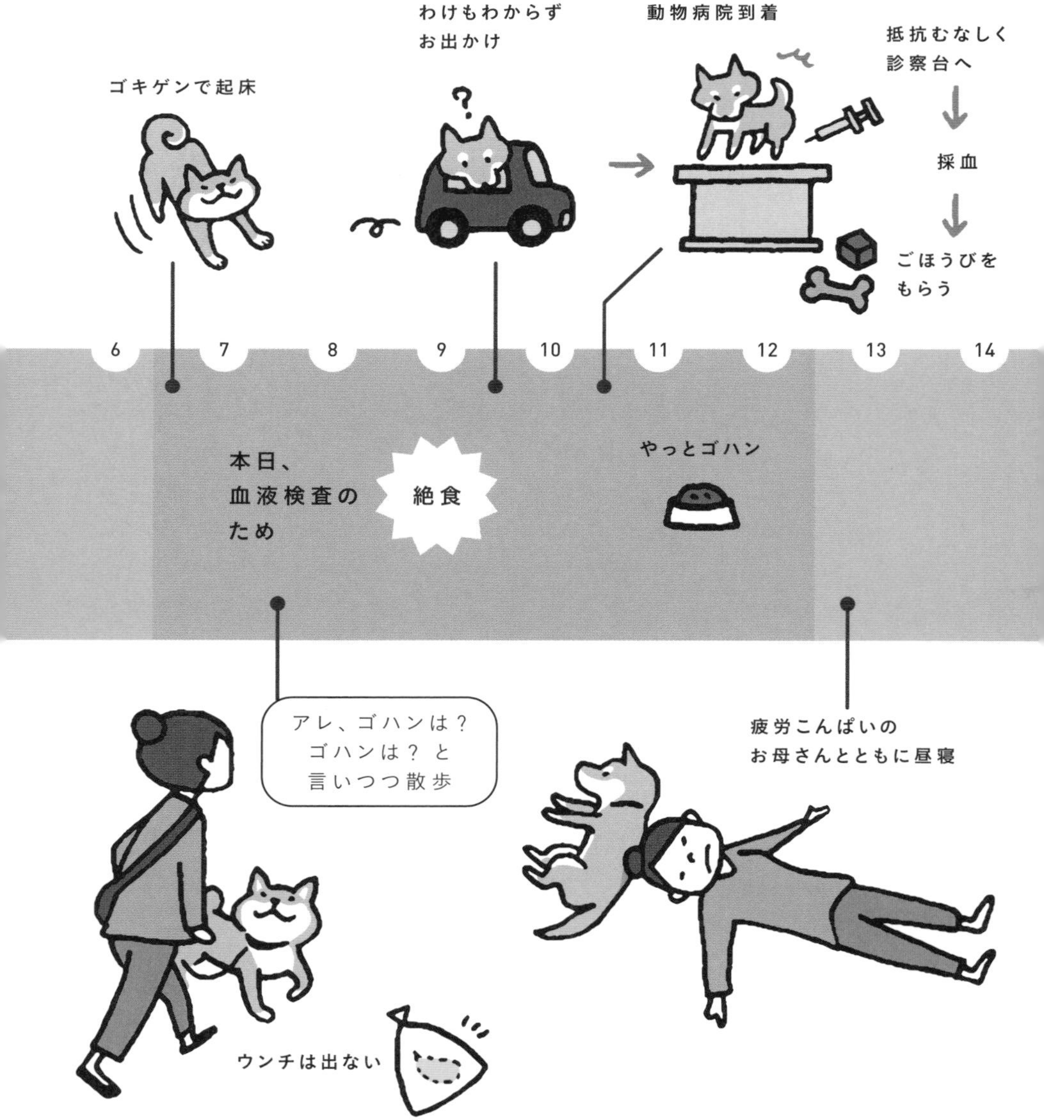

ゴキゲンで起床
わけもわからず
お出かけ
動物病院到着
抵抗むなしく
診察台へ
採血
ごほうびを
もらう
6
7
8
9
10
11
12
13
14
本日、
血液検査の
ため
絶食
やっとゴハン
アレ、ゴハンは？
ゴハンは？ と
言いつつ散歩
ウンチは出ない
疲労こんぱいの
お母さんとともに昼寝

遠くのカミナリに
気づいて目覚める
ソワソワする
ふたたびカミナリ
今度は近い
洗面所に隠れる
寝ているあいだに
お父さん帰宅
15
16
17
18
19
20
21
22
23
時
ゴハン
カミナリがおさまる
このまま翌朝まで眠り続ける
カミナリがやんだので
今のうちに散歩
足元を
気にしつつ歩く
ウンチは出ない
翌朝の散歩では
ウンチが3回出る

ほどよいスキンシップ

残念ながら愛があればなんでも受け入れるというわけではない。
犬が喜ぶスキンシップを探ることが信頼関係につながる。

❶のどをなでる

いきなり頭を
なでられるのを
いやがる柴犬は多い。

❷背中をなでる

しっぽの手前を
なでられると
ジタジタして喜びを表す。

❸腹をなでる

腹のツボに達すると
足をトントン踏みならすような
しぐさをする。

サイコーに
気持ちいい
合図
トン
トン
トン

ワンランク上のスキンシップ

❶ 耳の厚みを確かめる

ビロードのような
肌ざわりの耳先。

そっとつまむ。

そっと
くわえるのを許す
柴犬もいる。

参考

柴犬同士の
スキンシップでも
相棒の耳を
なめることがある。

❷ほっぺたを両手でそっとはさむ

むかし話の最後のように
「めでたし、めでたし」と
言うと幸せ度が
UPする。

❸お尻を両手でそっとはさむ

おたがいの
ぬくもりの交換。

かわいがりのおねだりに応えよう

おねだりのサインに気づいたらありがたくちょうだいしたい。

おねだりの例❶　じっと見る

ジワジワとこちらの視界
に入ってくる。
吠えたりはしない。

最終的には
こちらの足に
あご乗せする。

これに応じない
飼い主はいない。

おねだりの例❷　たたく

前足をよく使うタイプの
柴犬による、
強めのおねだり。

おねだりの例❸　なでてほしいところを押しつける

「飼い主の足がヒマそう」と
思っているため。

柴犬の「おひとりさま時間」を尊重しよう

そっとしておくのも愛。それを心得ている者を柴犬は相棒として認める。

参考 1

**そばにいるけれど、これは
れっきとした「おひとりさま時間」。
飼い主の足元でダラッとしている
時点ですでに信頼関係にあるのだから、
スキンシップをあせるべからず。**

参考 2

愛想のいい看板犬にも、ひとりでいたいときがある。
目が合ったとしても、一礼して通り過ぎるのが玄人。

ちょっとした装いを愛でる

それぞれの柴犬が受け入れる範囲の装いを探ろう。

バンダナ

お子さまからお年寄りまで。

目出し正ちゃん帽

人が着用した場合 →

手ぬぐい❶

まずは首に巻いて。

手ぬぐい❷

あねさんかぶりも似合うが
犬としては耳を出したい希望あり。

お花のアクセサリー

なんと輪ゴムで
止めてある。
トリマーさんに脱帽！

サングラス

じっとしているが、実は
ビビリなゆえに動けないだけ。

レインコート❶

頭としっぽは濡れる。

レインコート❷

上級者。
それでもしっぽは濡れる。

ちょっとひといき 柴劇場

ツンデレな柴犬も、
親愛のしるしとして
相棒の耳をなめることがある。
ただしそのやりかたは
いろいろあるようで……。

控えめな愛（兄と弟）

チャプ
チャプ
ゴン9才
チャプ
チャプ
じっ
テツ1才
ペロッ
じーっ
?
かわいい

強引な愛（姉と弟）

こわいもの知らずの愛（兄と妹）

ブラシの好みを知ろう

それぞれの犬に合ったブラシとの出会いが
ブラッシング好きになるかどうかに大きくかかわる。

スリッカー

抜け毛がよく取れるが
年をとるにつれて
痛みを感じる犬もいる。

コーム

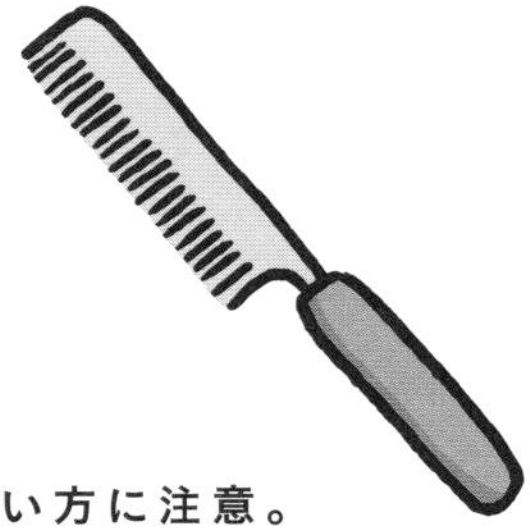

使い方に注意。
ストロークを大きくすると
不発に終わることも。

根元から
上に向かって
小刻みに。

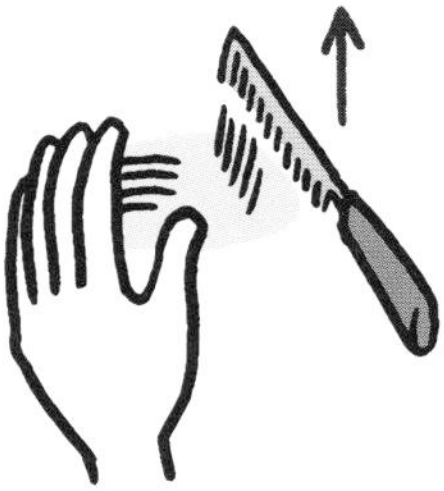

ラバータイプ

肌にやさしい。
老犬にも好まれる。

グローブタイプは
なでているような
感じで使える。

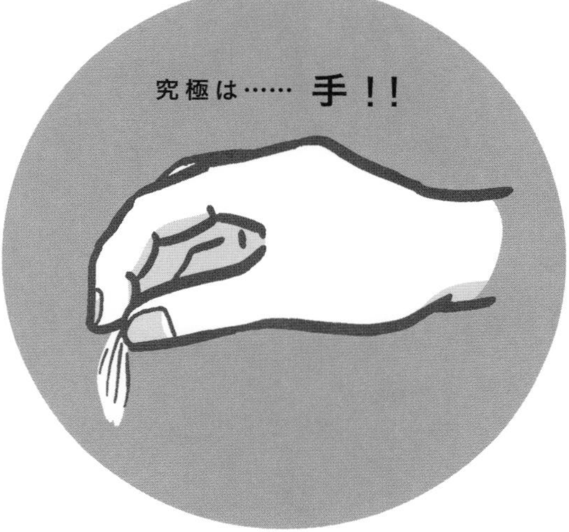
究極は…… 手!!

体に刺激を与えず
スピーディに
確実に抜く
スボッ
スボッ

テツが一時期ブラシ嫌いだったので
飼い主は手で抜け毛を取るスキルがUPした。

歯みがき初日はキバ1本

一度悪い思い出になってしまうとなかなか受け入れてもらえないので
最初は慎重にやりたい。

歯みがきのステップ（影山家スタイル）

ステップ❶ 指にガーゼや小さく切った手ぬぐいを巻き、
犬用の歯みがきペーストをつける。

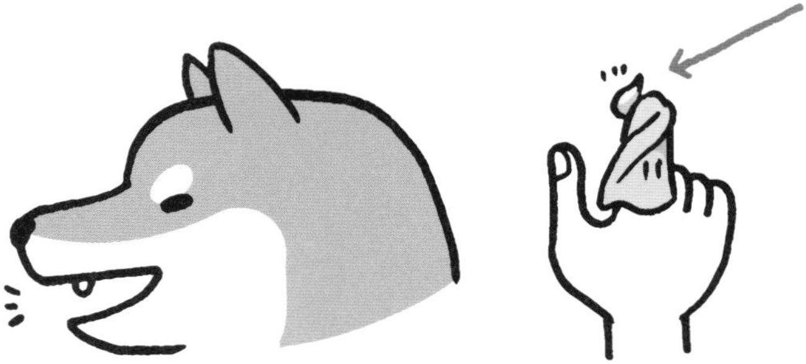

ステップ❷ もう片方の手で頭をなでたりするついでに、
キバをチョンチョンとさわる、キバ1本だけでいい。

かわい〜い
えら〜い
すっごいじゃ〜ん
ほめことば連発
オヤツをあげる

ステップ❸ 翌日、犬のようすを見て大丈夫そうならキバ2本に増やす。

2週間〜1カ月は
これだけでOK。

ステップ❹ 1〜2本ずつ奥へ向かってじょじょに増やしていき、
半年くらいかけてすべてできるようになる。

散歩の後、
まだリードが
ついているときに。

台に乗せて足を
拭くのでその
ついでに歯みがき。

こまはどうしても歯ブラシをいやがるので、
ずっと指でやっています。

成長とトイレの関係

トイレ環境は成長とともに変わっていく。

子犬期

室内トイレを覚える。

成犬期

散歩中に排泄するようになる。

室内トイレも
継続中。

成犬期

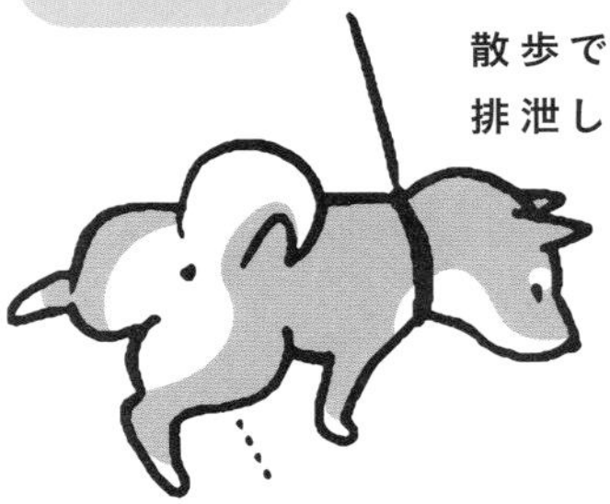

散歩でしか
排泄しなくなる。

トイレトレーは
インテリアと化す。

シニア期

生涯ずっと
外でのみ排泄。

足腰が
弱ってきた場合は
介護ハーネスを利用する。

シニア期

生涯を通して
室内でも外でも
排泄する。

シニア期　初め

ふたたび
トイレトレーニング
始まる。

シニア期

やはり室内トイレには
戻れなかった。
それでも庭で
すませられるようになる。

〈参考〉
シニア期におもらしを
経て室内トイレを
ふたたび覚えた例

→ P.86へ

4 柴犬にとってのトイレ

なんだかんだいって トイレは外派になっていく

一度、外での排泄が身につくと、その道を突き進む者多し。
雨の日の散歩で出会うのは日本犬とミックス犬がほとんど。

参考

スマホアプリの
雨雲レーダーは
強い味方。

30分後に
雨が降ります
今のうちにっ

悪天候の散歩で起こること

参考❶　長雨のとき

リードやハーネスが乾かないうちに
次の散歩に出ねばならない。

参考❷　積雪のとき

雪でテンションがあがった犬に
飼い主が振りまわされる。

参考❸　台風のとき

ピークが過ぎればカラッと
晴れたりするので、
シトシト降り続ける雨よりは
先が読める。

あと1時間
くらいかな…

スヤスヤ

いつのときも犬自身は先のことを心配しない。

おもらしはトイレ トレーニングのチャンス

もらした場所をトイレにしちゃえばいいんじゃない？ という
発想から生まれた、影山家のトイレトレーニング。

室内トイレ復活の流れ

ゴンが14才になったころ、
じゅうたんに
オシッコしてしまった。

（それまではずっと
外でのみ排泄）

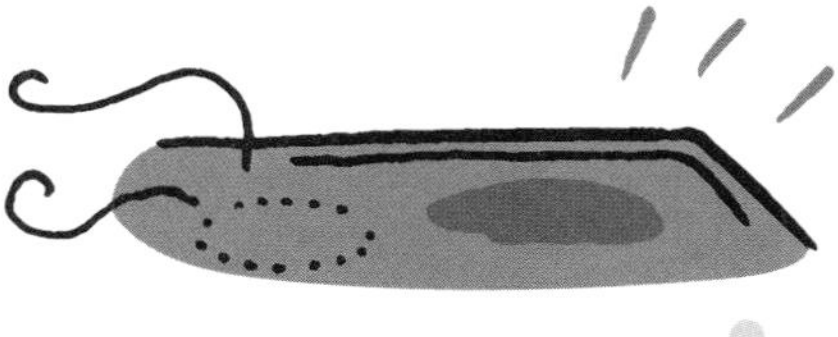

匂いがしみついてしまい、
同じ場所でのオシッコを
繰り返すように……。

「もういい。
ここをトイレにしてしまおう！」

たまたまテレビの
前なのが
残念ではあるが。

トイレシートを
敷いておいたら、
オシッコしてあった。
やったー！

トイレシートの感触を覚えたころ、
洗面所にトイレシートを
敷いてゴンを促す。

オシッコした！

その後も、
出そうなタイミングで
連れていくと
ちゃんとオシッコした。

おまけ

ゴンにつられて、
弟分のテツも洗面所の
トイレシートで
するようになった。

ただしゴンの他界とともにふたたび外へ……。
それでも、やればできるということを学んだ影山家だった。

⑤ 苦手なものがあったときは

人が考える「ごちそう」のイメージ≠犬が喜ぶ

よかれと思って買ってきた高級オヤツや
腕をふるった手作りゴハンを愛犬がまったく食べてくれない……。
そんな経験をもつ飼い主は少なくない。
犬は意外と「いつものやつ」がよかったりするのだ。

小さくちぎった肉

ドーンと出された骨つき肉

犬がゴハンに口をつけなかったときは……

これ、なんか
いやだな

このときの対応が
後々に影響するので気をつけたい。

すぐほかの物と交換する。

肉

次回から
好きな物しか
食べなくなる。

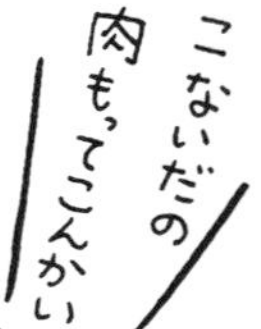
こないだの
肉もってこんかい

器ごと下げてしまう。

アレッ

愛犬がそれを苦手とわかったら
与えるのをあきらめて、
次のゴハンのときにシレッと
いつものフードを出す。

ゴハンだ
わーい!

お友達は無理に作らなくていい

愛犬がほかの犬を苦手だったら、無理にお友達を作る必要はない。

参考

お友達がいなくても、家族がいれば大丈夫。

想像もつかない物を苦手とする犬もいる

例　蚊の羽音

プーン

遊んでた
のに？
そそくさ

こんなとき、
部屋の中に蚊がいるかもしれない。

さらにはこんな犬も……。

参考

パン

テツは
蚊の羽音も、
蚊を打つ音も
大の苦手だった。

サーーッ

ぐっ

蚊を退治する
ときは握り
つぶすべし。

初めての歯みがきで、
テツが歯ブラシをくわえたまま
離さなくなった。
オヤツかオモチャと勘ちがいしたのかも？

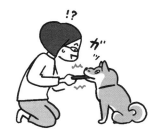

トラブルシューティング

1. よくあるイタズラの対処法
2. 困ったトラブル集

❶ よくあるイタズラの対処法

じゅうたんをかじる

こま

じゅうたん、マットなどの角という角を
丸くしないと気がすまない犬がいる。

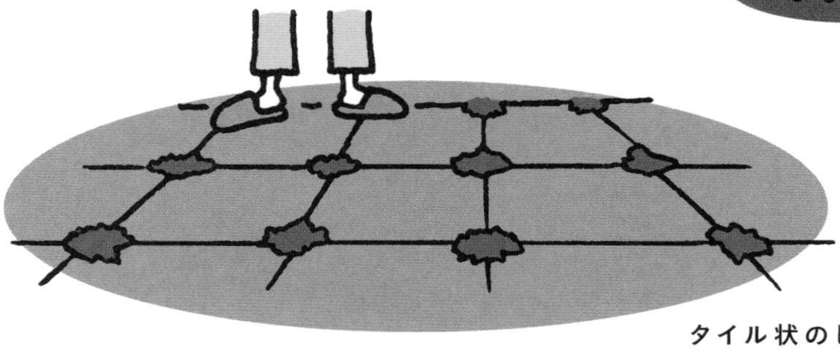

タイル状のじゅうたんを
すべてやられました。

影山家の対処法

現場を押さえて諭す。

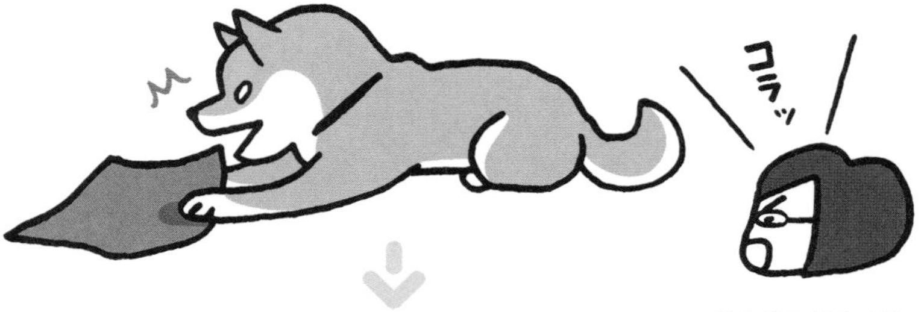

ガミガミ言わずに
ひとこと！

くわえる１秒前に言う！
（タイミングが大事）

根気よく繰り返したら
やらなくなりました。

ゴミ箱をあさる

かつてゴミ箱のティッシュにとりつかれた犬がいた。

影山家の対処法

1 ゴミ箱を
背の高いものや
ふたのついたものに
替える。

2 そっと後をつけて諭す。

3 それでもダメなら
タンスの上など
高いところに
ゴミ箱を移す。

目の前から対象がなくなったことで、ティッシュ熱も冷めました。

❶ よくあるイタズラの対処法

散歩中に拾い食いをする

子犬のころはとくに多い。
よくないことだと示し続けることで
しだいに忘れる。

こま

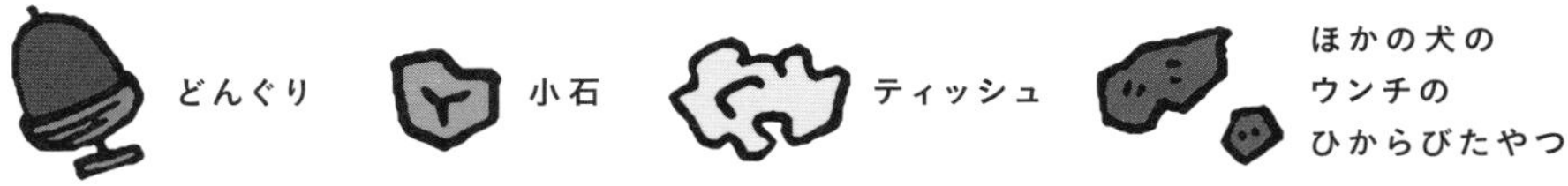
どんぐり
小石
ティッシュ
ほかの犬の
ウンチの
ひからびたやつ

犬のほうが地面に近いので、
気をつけていないと
すぐ食われる。

ぱく

影山家の対処法❶

現場を避ける。

何か落ちていたら
無言でそそくさと
通り過ぎる。

影山家の対処法❷

**「ダメよ」という
短い合図を出す。**

**リードを一瞬
ピッと引くだけ。
これを不快に思って、
しだいに拾い食い
しなくなる。**

影山家の失敗談

拾い食いした物をオヤツと交換で出させる場合は、注意が必要。

**犬がくわえたものが
小さい場合、
まずそれを飲み込んで
からオヤツを
食べようとするため。**

**こうなってしまったら、
当然オヤツを与える
わけにはいきません。**

食フンをやめない

子犬に多い現象。
散歩中に排泄するようになると、しだいに食フンは減る。

おそるべき食フンの世界

影山家の対処法

ウンチが出たらすぐに
犬の前から片づける。

さわがず、無言で、さりげなく。

影山家の失敗談

庭でウンチをしたこまを目撃。
あわてて駆けよったら、
奪われまいとムキになったこまが
一番デッカイのをくわえて逃走。

この後しばらく「急いで出して急いで食う」の
悪い流れになってしまった。

POINT 「やってほしくないことほど、さわがず対処！」

❶ よくあるイタズラの対処法

家の前を通る犬に吠える

吠えなきゃ「番犬にならない」と言われ、
吠えれば「うるさい」と言われる。
犬もたいへんではあるけれど。

影山家の対処法

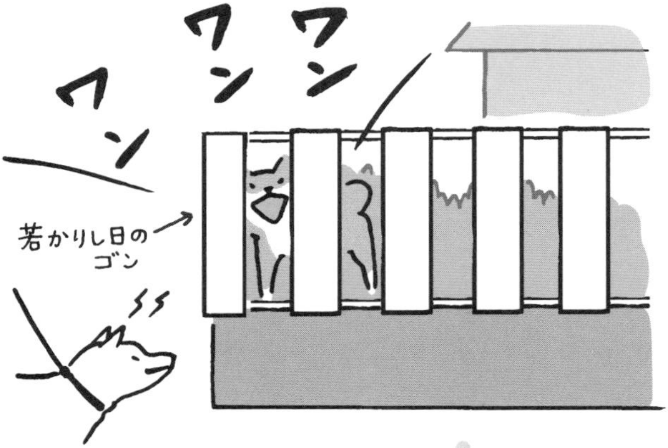

通りに面したところへ
行けないようにしたら静かになった。
ゴンとしても
「吠えなくていい」ことになって
ストレスから解放された様子。

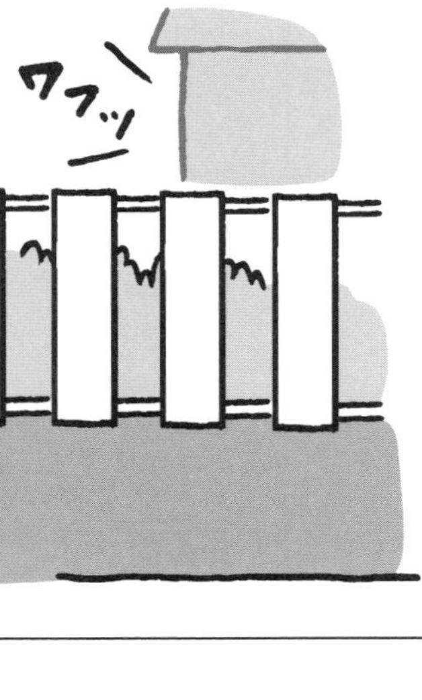

興奮して人に飛びつく

飛びついたときにいいことがあれば
犬はまた同じことを繰り返してしまう。
声かけもごほうびになってしまうので要注意。

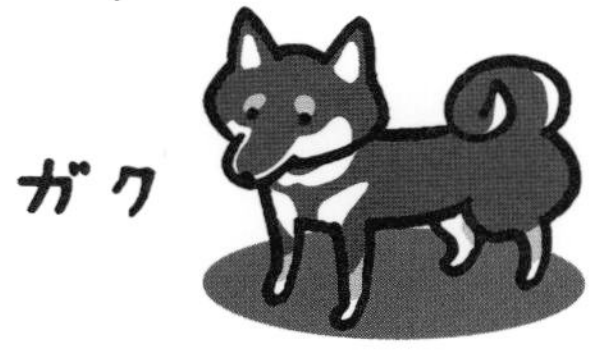

影山家の対処法

自分が帰宅したときに
犬が飛びついたら、
とにかく目を合わせない。

「ただいま」とか
「痛いってば」という
声かけも
いっさいしない。

動きを止めて
気配を消す。

犬がオスワリ
したら初めて
声をかける。

とにかく毎回これを繰り返す。

POINT　「犬は、どうしたら自分に気づいてくれるかを自ら考える！」

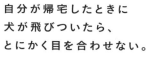

ちょっとひといき

柴劇場

犬との暮らしから得た
教訓はいろいろ。
「捕まえたいときほど
追ってはならぬ」もそのひとつ。
さて、影山家流の捕獲作戦は?

「オイデ」

散歩行くよ
オイデ
「オイデ」は追いかけっこの合図!
フリッ
フリッ
オイデ〜
キャーッ
追えば逃げる
まんまと乗せられる飼い主であった
ガオー
キャーッ

「集合〜♫」

?
?
追うのをやめた
きりがないのよ
ハァ
ハァ
作戦変更!!
背中を向けて待つ!
コマンドも変えた
集合〜♫
追わなきゃ来る!
ニヤリ

どうしても追う

夫にも伝授した
「集合」だよ
おう!
ところが…
ハイ集合
集合〜っ
アレ、来ないよ
キャー
「集合」も追いかけっこの合図になってしまった…
集合
チッ
キャー
キャー

動物病院で叫び続ける

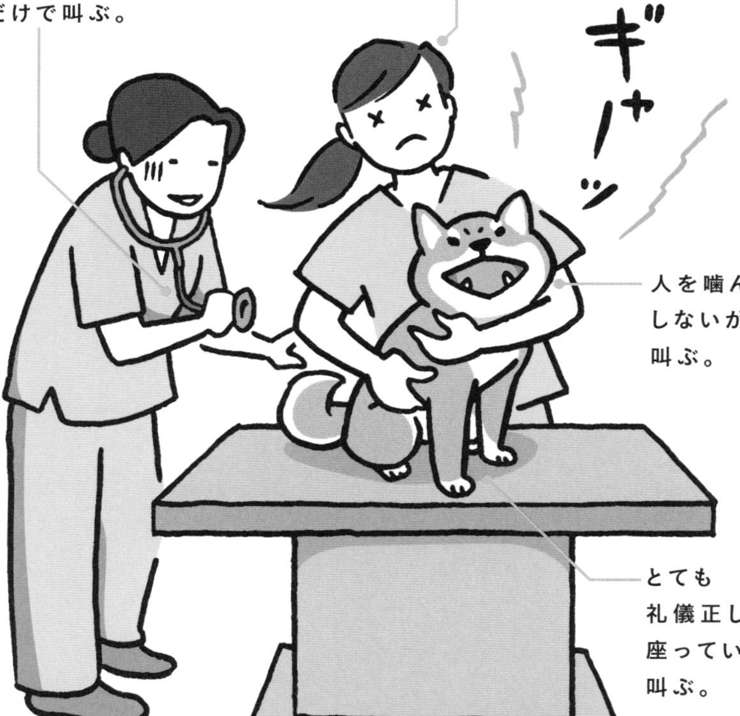
先生が声を発しただけで叫ぶ。
聴診器をあてようと
しただけで叫ぶ。
ギャーッ
人を噛んだりは
しないが
叫ぶ。
とても
礼儀正しく
座っているのに
叫ぶ。

〈参考〉

彼らは注射器の
ビニールを開封する
音にも敏感である。

ピリ

叫ぶ犬とともに診察室を出るという試練が
飼い主には待っている。

体のお手入れを どうしてもいやがる

犬の健康を大前提に、お手入れを省略して
折り合いをつけていくこともひとつの手。

影山家の対処法❶

足を持たれるのさえ
嫌だったテツ。

散歩後は

濡れたタオル

↓

乾いたタオル の順に

歩くことで足拭きをすませた。

影山家の対処法❷

ツメ切りは
動物病院で
やってもらう。

奇跡的に
エリザベスカラーは
つけられた！

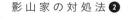

影山家の対処法❸

ドッグカウンセラーの提案のもと、シャンプーはあきらめた。

不思議と
12年間洗わなくても
匂わなかった。

影山家の対処法❹

雨に濡れたら、なでるふりして
飼い主の服で拭いた。

数年かけて、しだいに
小さいタオルに持ちかえていき、
ついには大きいタオルで
拭けるようになった。

最終的には、
濡れると自分から
よってくるように
なった。

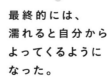

物を守ってキレる

Q この絵のなかにテツが守ったことがある物があります。それはどれでしょう？

❶ 棚の上の土鍋
❷ テーブルのうえのふきん
❸ スリッパ
❹ オモチャ
❺ 落ちている鉛筆
❻ 空のフード皿
❼ 家そのもの

A 全部！

POINT 「こちらが思ってもみないものを守ることがあります！」

Q　物を守るとどうなるでしょう？

A1

守っている物がある
部屋に入ろうとすると
威嚇する。

A2

無理に近づくと攻撃する。

A3

ときには飲まず
食わずで
数時間守り続ける。
（オヤツでつられたりはしない）

影山家が学んだこと

1. 何かを守っているなと思ったら、犬と目を合わせない。
2. 守りぐせがつく前にオヤツと交換する方法をとる。
3. 守りそうな物を置かない。
（いっきに食べきれない固いガムなどもNG）

犬は、抱っこ憎んで飼い主憎まず

飼い主をいやがって拒否するのではなく、
単に体がキュッとなるのを好まないだけだったりする。

抱っこして
拒否されると悲しいが、
無理は禁物。

少しずつ
慣らしていくべし。

噛むという
意思表示をしてしまう

おそらく「噛む」に至る前になんらかの意思表示
（唸る、鼻にシワをよせるなど）があったはず。
それに気づかずに犬のいやがることを繰り返した場合に
悲劇が起こることも。仲がこじれたらあせらず復縁を。

テツが若いころ、
なでようとして
噛まれた。

こちらから触るのをやめて、
数年経過。
（テツからよりそってきた
ときはOK）

いっしょに自撮りを
楽しむまでに復縁した。

キレ吠え2秒前を察知する

イラッとしてからキレ吠えに至る流れ

キレそう。

目をそらして
キレ吠えを回避。
（自ら感情を
コントロール
した例）

あえて身につけたい技ではなかったが、かつての私は
後ろを向いていてもテツがキレ吠えするのを事前に察知できた。
吠える前に彼は鼻から思いきり息を吸う。そのことがわかったのだ。

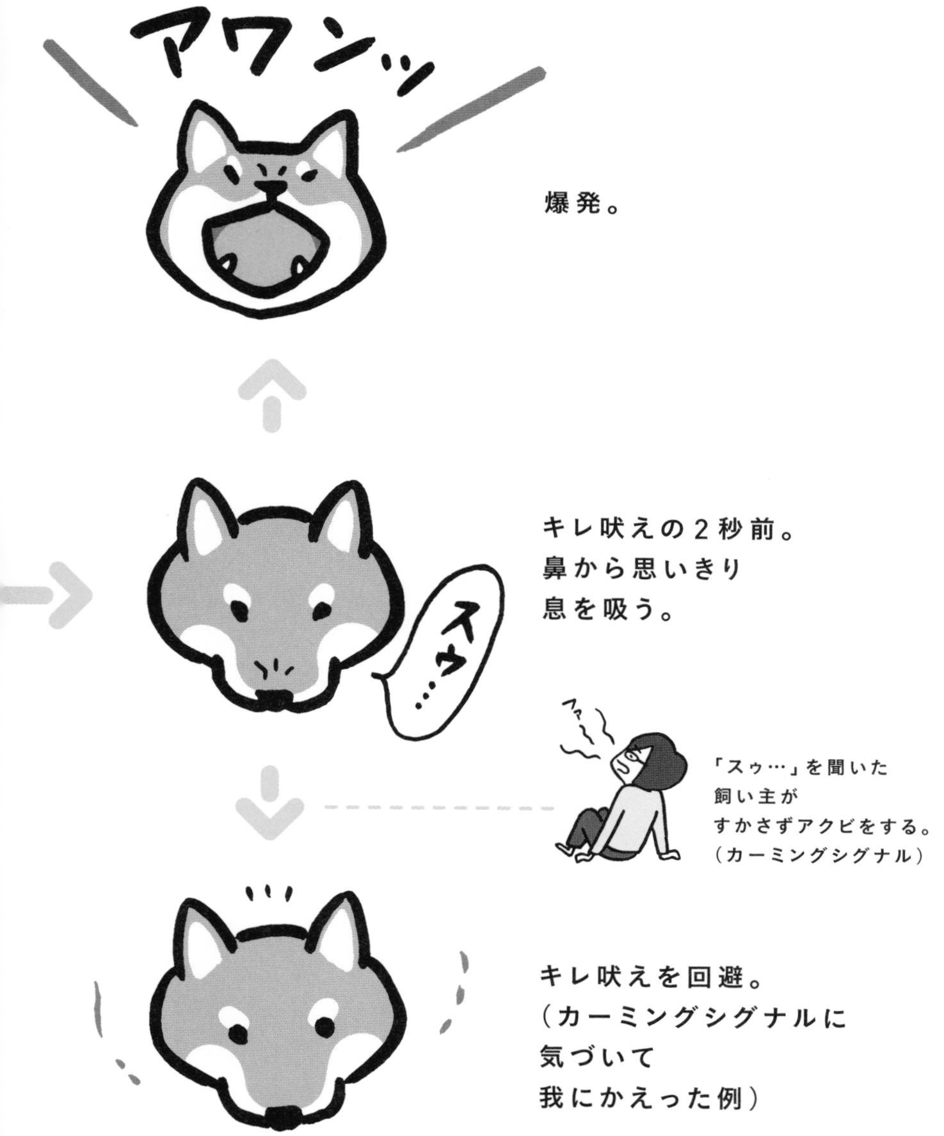
アワンッ
爆発。
スゥ…
キレ吠えの2秒前。
鼻から思いきり
息を吸う。
ファ〜
「スゥ…」を聞いた
飼い主が
すかさずアクビをする。
（カーミングシグナル）
キレ吠えを回避。
（カーミングシグナルに
気づいて
我にかえった例）

しつけが大変だったこともあるけれど、
いろいろあったからこそ深まる絆もある。

知っておいて
いただきたいこと

1. 柴犬と暮らすと起こる現象
2. 異常ではありません

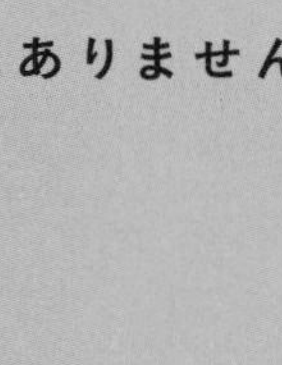

お尻の穴との長いつき合いが始まる

1 寝ても覚めてもお尻の穴が見える。

立っているときの
お尻の穴

寝ているときの
お尻の穴

フセをする直前の
お尻の穴

2 散歩でウンチがなかなか出ないときは
お尻の穴を見つめながら今か今かと待つ。

3 飼い主にしかわからない排便の合図がある。

犬の居場所で季節を知る

季節ごとに、つねに最良の場所にいるのが犬である。

小さい季節を先取りする

散歩中に、自然界の変化にいち早く気づく。

あっ、小さい春
みつけた
くん
くん
2月、地面に
へばりついているタンポポに
つぼみがついていた。

見て!
小さい秋
ガツ
ガツ

まぁ、犬はだいたいこんな感じです……。

とにかく見ているだけで癒やされる

どんな姿もかわいいが、魔法に近いオーラが出る姿がある。

例1 静かに寝ている後ろ姿

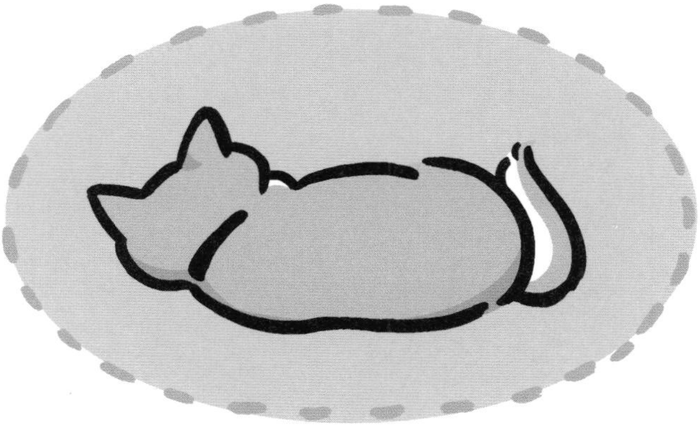

ずーっと
見ていられる
なぁ
フッ
私の分まで
寝てておくれ

飼い主は自分の眠りたい欲を犬に託して仕事に向かう。

例2 舟をこいでいる横顔

こちらの視線に気づいた犬が振り向くまでじっと見てしまう。
そして目が合ったとき、おたがいにこのうえない幸せを感じる。

犬を見て己を恥じる

人は、物に八つ当たりする虚しさを知る。

人は、己の欲深さを知る。

人は、なんだかいろいろ反省する。

一生守りたいと思う

子犬は文句なしにかわいいが、
犬の真のかわいさは老いるほどに最強となることに気づく。

1 愛の表現も年を重ねるごとに変わる。

例 老犬とのお布団ごっこ

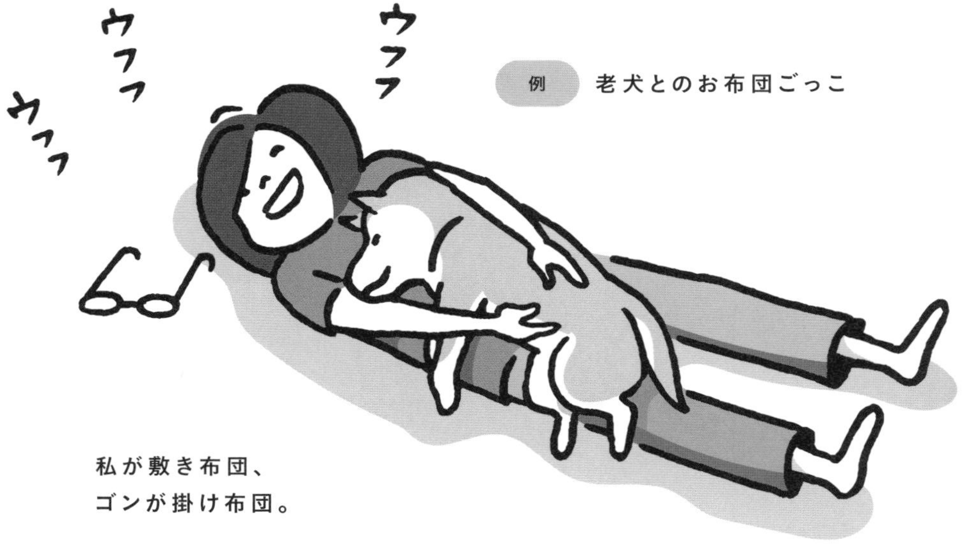

私が敷き布団、
ゴンが掛け布団。

参考

若い犬と
これをやると
腹をけられる。

2 老犬がひとりで留守番しているときはすっ飛んで帰る。

声が聞こえると
ひとまず安心する。

3 部屋のインテリアは見た目より安全性重視となる。

ちょっとひといき 柴劇場

あいさつ

犬飼い同士はあいさつを交わす
こんにちは
こ、こんにちは…
最初はとまどった
知ってる人?
いや、全然…
今では自分から…
おはようございます
初対面
犬がいなかったらこれは絶対ないなー
いいお天気ですね

犬と暮らして
外を歩くようになって、
人とのつき合い方が変わった。
愛犬が世界を広げてくれて、
私の人みしりが軽くなった。

犬とセットで

待合室
歯科健診
○月○日~
どこかで会ったような…
うーん、思い出せない
チラ
絶対に知ってるはず
チラ
あっ

近所づきあい

ほかの道から行こうか
ワン
ワン
ほかの犬が苦手
そそくさ
でも私もそれでホッとしてたとこあったな…
フウ
いっしょに歩く犬が変わって…
フレンドリーな犬
気づけば私も変わった
アハハ

犬が草をむさぼり食う

理由は胃腸を整えるためとか、ただ単に草が好き、など。
犬のサラダバーとなる人気の草地もあるが、
衛生的でない場合もあるので気をつけたい。

草を食って自ら体調を整える例

早朝、庭へ出たいと
合図するテツ。

窓を開けたら
猛ダッシュ。

草を食って吐く。

晴れ晴れとして戻ってくる。

暇つぶしに食う例

飼い主の立ち話中によく見られる。

通りすがりのつまみ食い

ダメと言われるのが
わかっているので
慌てて食う。
それほどまでに食いたい草。

散歩中に固まる

不動柴、拒否柴、イヤイヤさんなどと呼ばれる現象。
散歩中に、まだ帰りたくない、苦手な犬の匂いがする、
そっちは方角が悪いなどの理由で座りこむ柴犬がいる。

前足が器用なタイプ。

首輪がすっぽ抜けそうになるので
この体勢になると飼い主は
これ以上引っぱれない。

寝そべるタイプ。
ときにこのまま引きずられるが、
むしろそれを楽しんでいる。

礼儀正しく拒否するタイプ。

いずれの場合もときがくればふたたび前に進む。

1

座り込んでいることに飽きた。

なにごともなかったかのように歩き出す。

2

好きなコに見られて気まずくなった。

3

オヤツを出されて交渉に応じた。

4

飼い主に抱っこされて。

② 異常ではありません

突然、眉毛ができた

かわいい愛犬に眉毛が出現することがある。
M字眉、カモメ眉などと呼ばれる現象。
とくに若い犬の換毛期に見られる。

**クールな犬でも、オスでもメスでも関係なく
眉毛ができるとオッサンぽくなる。**

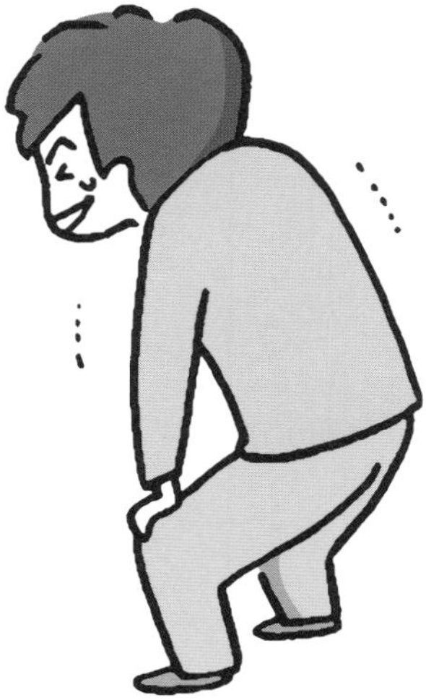

ときが解決するのを静かに待とう。

ウンチの上に寝ていた

寝ながらウンチをしてしまう犬もいる。
尻の下に敷かれたウンチは、
犬が目覚めるころには乾いてカチカチになっている。

**目覚めた犬は
「誰かのいやがらせですか？」
という顔をする。
さりげなく片づけてしまおう。**

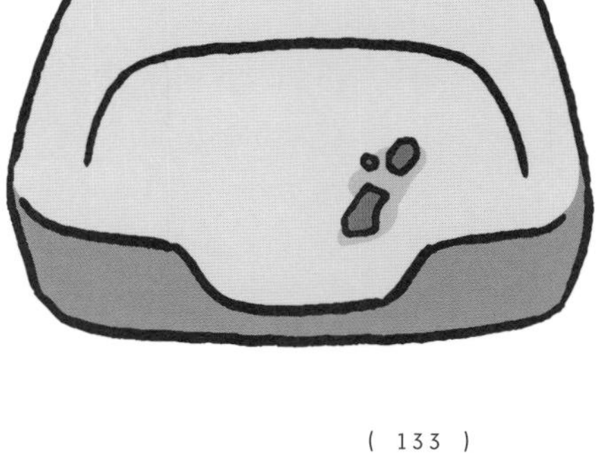

何もない天井や壁の1点をジーッと見つめている

よくある現象で、何かに取り憑かれているわけではない。

考えられる要因

❶とても小さい虫がいる。
❷壁の向こう側の音を聞いている。
❸犬にしか見えない存在がある。

寝ているときにヒッヒッという

犬も夢を見る。そしてたまにうなされてしまう。

参考 1

足を小刻みに動かす。夢の中で走っているのだろう。

参考 2

威嚇している。夢の中でピンチ！

参考 3

自分の吠える声で目覚める。危機一髪のところで生還。

このとき目が合うと
あらぬ疑いを
かけられるから注意。

犬用ガムをあげたのに、食べずにクークー鳴いている

一度に食べきれないと判断したものをくわえて
パニックになることがある。
「食べたい」と「食べられない」のはざまでもがくが、
ときがくれば解決する。

クー

クー
クー

外飼いの犬なら、いったん
庭に埋めるかもしれない。
室内犬は「埋めたつもり」に
なることも。

キュウン…
ボト

まじめに砂をかけるしぐさを
するので、つき合ってあげよう。
そのうち食べ始めます。

ザッ
ザッ
見えなく
なっちゃった〜

前歯をズラッと見せている

直前の行動を振り返ってみよう

- □ 布のオモチャで遊んでいませんでしたか？
- □ 口を開けたまま寝ていませんでしたか？
- □ たくさん吠えていませんでしたか？
- □ 同居犬とプレイバイト（P.138参照）していませんでしたか？

自分では
気づいていない

POINT 「歯ぐきが乾いたことで上くちびるがくっついているので、間もなく元にもどります」

同居犬と噛みっこしている（プレイバイト）

本気噛みではなく、歯をあてっこする遊び。

参考 1

静かに相手の顔などに歯をあてる。

参考 2

相手の首ねっこをくわえる。

参考 3　片方が首ねっこをくわえたまま
グルグルと部屋の中を移動している。

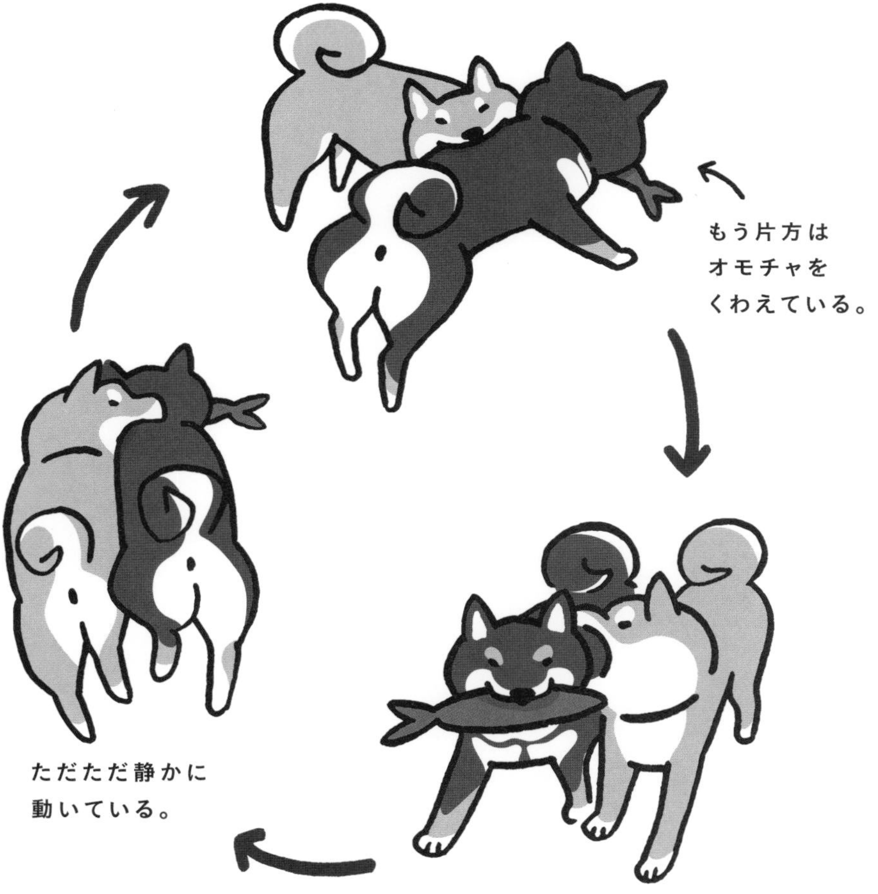
もう片方は
オモチャを
くわえている。
ただただ静かに
動いている。

参考 4　プレイバイトの後は、のどが乾いたり
口の中が毛だらけになったりする。

カヘッ

柴飼いとして
知っておきたい
柴犬からのFAQ

飼い主がほっぺたを
ギュウッとつまむんですが、
断ってもいいですか？
（柴犬、オス、13歳）

飼い主さんの気持ちを察して今まで我慢していたなんて、やさしいね。お年を重ねるごとにほっぺたが柔らかくなるから、飼い主さんはきっとつまむのがやめられなくなったんだね。でも「しつこいな」と思ったらお断りの意を表していいんだよ。飼い主さんもわかってくれるよ。

誰かに呼ばれたふりをして席をはずそう。

ゴハンが毎日同じカリカリで飽きました。

（柴犬、メス、5歳）

うんうん、そうだよね。お誕生日やお正月のごちそうがおいしすぎるから、そう思うのも無理はないよね。でもカリカリは栄養バランスが整っていて体にいいはずなんだ。それにいつものカリカリがあるからごちそうがますますおいしく感じられる、っていう利点もあるんだよ。

散歩はどうしても行かないといけませんか？

（柴犬、オス、3歳）

もしかしてキミは方角占いとか気にするタイプかな。「どうしても北東には行きたくない」っていう日に連れて行かれたりしたから、嫌になったんじゃないのかい？　もう無理に散歩に行かなくてもいいよ。でも具合が悪いわけじゃないってことだけは飼い主さんに伝えてあげてね。

飼い主がほかの犬の匂いをつけて帰って来ました。浮気ですか？

（柴犬、2歳、メス）

そういうことが気になるお年ごろだね。それは浮気なんかじゃないよ。飼い主さんはキミの嗅覚を鍛えるために、いろんな犬の匂いを集めてきたんだ。よ〜く匂いを分析してごらん。いつか外で初対面の犬と会ったときに「これだ!」って思うことがあるはずだよ。そんなとき、頭の中にパッとバラの花が咲くよ。

雪の多い地方に住んでいます。「あの歌」の犬のイメージに悩まされています。

（柴犬、オス、7歳）

それは、犬が雪に喜んで庭を駆け回る場面のことだね。飼い主さんたちはこどものころからあの歌を楽しく歌ってきた。いい歌なんだよ。でも寒いのが苦手な犬もいるって気づき始めてるから、無理に外で遊ばなくても大丈夫だよ。もし気分が乗ったら思い切り飼い主さんといっしょに走ってみてね。

私が一番かわいいですか？（柴犬複数）

もちろんだよ。もしかして飼い主さんはアイドル犬にうつつを抜かしているのかい？「ウチに柴犬がいるのに、なんでよその柴犬にも会いたいんだろう〜」なんて言っているのかい？でも一番かわいいのはキミだ。そこは自信もっていいよ。とにかく朝から晩まで何回「かわいい」って言っても足らないくらいなんだ。

絵と文　影山直美（かげやま　なおみ）

柴犬との日々を題材にした作品が人気のイラストレーター。著書に『柴犬さんのツボ』シリーズ（辰巳出版）、『うちのコ柴犬』シリーズ（KADOKAWA）、『柴犬テツとこま のほほんな暮らし』（ベネッセコーポレーション）など多数。『はじめよう！柴犬ぐらし』（西東社）でもマンガや挿し絵を担当。

https://ginshiba.com

STAFF

カバー・本文デザイン　室田 潤、関口宏美（細山田デザイン事務所）
横村 葵

編集　富田園子

柴《しば》犬《いぬ》のトリセツ

2021年11月30日発行　第1版
2021年12月20日発行　第1版　第3刷

著　者　影山直美
発行者　若松和紀
発行所　株式会社 西東社
〒113-0034　東京都文京区湯島2-3-13
https://www.seitosha.co.jp/
電話　03-5800-3120（代）

※本書に記載のない内容のご質問や著者等の連絡先につきましては、お答えできかねます。

ISBN 978-4-7916-3001-1

永久保証書

柴犬のかわいさは永久不滅です。ましてや自分のコとなったらなおさらです。
そのかわいさを改めて保証するのは野暮というものですが、せっかくですから記念として保証書を発行しました。

犬種	柴	柴の名前	
毛色	赤・黒・白・胡麻 ※マルをお付けください	しっぽ	巻き尾・差し尾 ※マルをお付けください
誕生日	年　月　日 ※または家族として迎えた日	飼い主のお名前	様

【免責】

① いっしょに暮らすにしたがってかわいさは増していきます。その上限については保証いたしかねます。

② 最初は飼うのを反対していたお父さんがデレデレになってしまうこともありますのでご了承ください。

③ 「うちのコが一番かわいい」自慢は存分になさってください。
ただしその際に発生するヤキモチなどのトラブルについては保証できません。

本書は再発行しませんので大切に保管してください。

影山直美 / 株式会社 西東社